裙裾里的波尔卡

露 籽◎绘著

九州出版社
JIUZHOUPRESS

图书在版编目（CIP）数据

裙裾里的波尔卡/露籽绘著. —北京：九州出版社，
2022.9

ISBN 978-7-5225-1145-0

Ⅰ.①裙… Ⅱ.①露… Ⅲ.①时装—绘画—作品集—
中国—现代 Ⅳ.① TS941.28

中国版本图书馆 CIP 数据核字（2022）第 159351 号

裙裾里的波尔卡

作　者　露籽绘著

责任编辑　陈丹青

出版发行　九州出版社

地　　址　北京市西城区阜外大街甲 35 号（100037）

发行电话　（010）68992190/3/5/6

网　　址　www.jiuzhoupress.com

印　　刷　廊坊市海涛印刷有限公司

开　　本　880 毫米 ×1230 毫米　32 开

印　　张　4.375

字　　数　18 千字

版　　次　2022 年 9 月第 1 版

印　　次　2022 年 9 月第 1 次印刷

书　　号　ISBN 978-7-5225-1145-0

定　　价　48.00 元

序

相信我，

每件衣服里都藏着故事。

目录

一、衣橱里的"小时代"

这些是什么时候买的衣服？
有十年前的，
好像还有二十年前的。
对着它们竟然站了很久，
想起一些事啊。

那时爱穿破洞的裤子，
走在街上都会有男生吹口哨。

对了，偶尔还喜欢手里拿着娃娃。
既打扮成熟又假装幼稚的那时的我，
虽然也不清楚到底什么适合，
还是觉得自己很了不起的样子呢。

一、衣橱里的"小时代"

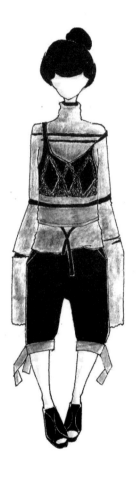

一、衣橱里的"小时代"

还有这件，
有好几次，扔掉又捡回，
舍不得吧。

为什么要舍不得？
是回忆啊。

一、衣橱里的"小时代"

二、意识流

在那些晴朗的日子里，
白天就闭上眼被照耀，
夜晚就胡乱地数星星。

每当阳光足够铺满二分之一的房间，
心情好到不行。

于是看个动画片，
自己化身成那名性感又有决断力的战士。
这样的女孩更迷人不是么？

睡不着就胡乱地数星星，
猜测着它们之间闪烁又隐秘的关系。

快乐的时间总是很快就过了零点。

| 裙裥里的波尔卡 |

23

三、香蕉坏了

如果你是一个愿意找寻灵感的人，
过日子真的是启发。

一只香蕉，
因为放在了醒目的地方，
我每天都会看到它。
就是要放在醒目的地方来告诫自己，
妈妈说，吃水果才健康。

可是懒惰，
每天只是看着它，
看着就想着明天再吃吧。

它就这样烂掉了。

或许不是懒惰，

是即使被告诫也还是不愿意那样做。

最后居然把它画下来了。

它变成了挂在墙上的一幅画。

三、香蕉坏了

三、香蕉坏了

三、香蕉坏了

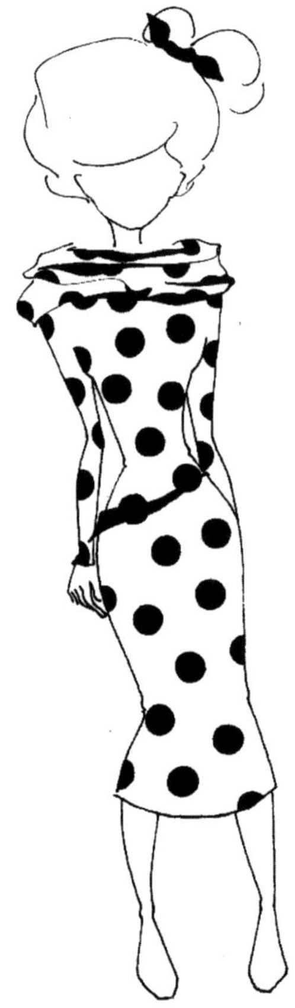

三、香蕉坏了

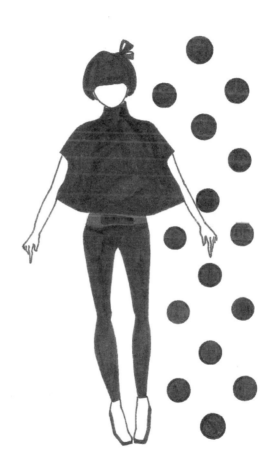

三、香蕉坏了

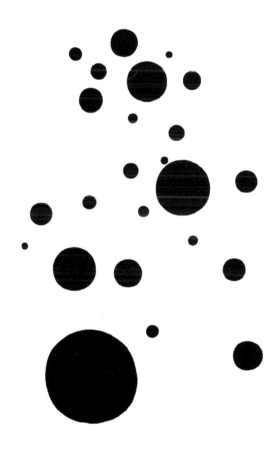

四、旅行

你一定是一个孝顺的孩子，
可为什么总是把爸爸搁在一边？
他努力地找着跟你的共同话题，
爸爸，我能感觉到的。
直到有一天他说，我们去旅行。

我和爸爸去了很多很多的城市，
当然吃了更多更多的小吃，
一起看了许多许多的名胜古迹，
发现很多很多的人们也在旅行。

爸爸特别开心，

他每天高兴地谋划着我们的早晚餐。

我和爸爸拍的照片都快存不下了，
是想留下美丽的记忆啊，
—这样想的时候就变得伤感。
我嫌他拍的照片不漂亮，
他说，你教我我就会了。

旅行很快结束了。
又开始忙了起来。
我又把爸爸搁在了一边。
今天，爸爸来电话说，
冬天的时候我们去南方啊？

四、旅行

51

五、有时噩梦

再一次哭着惊醒。

白天明明没发生什么悲伤的事情。

人的脸怎么都是模糊的，
你们到底是谁啊？

一场无止境的奔跑，
从气喘吁吁跑到泪流满面，
后面什么都没有，
你怎么还不停下来。

梦里的我拼命的让自己醒来。

而现在真的醒来了，
又怎么才能睡？

不知不觉的再一次睡着了。

我看见了人的脸，
再一次的奔跑了起来，我又哭了，
因为忘了刚才是怎样叫醒自己了。

五、有时噩梦

六、路过向日葵

梵高的向日葵那样明亮，
开心里却看到了悲伤；
席勒的向日葵那样悲伤，
悲伤里却看到了坚强。

今天路过一片向日葵，
它们有的迎着阳光疯狂生长，
而有的正悄悄枯萎，
热切交谈，冷漠无语，
短短一生，自顾自的经历。

六、路过向日葵

六、路过向日葵

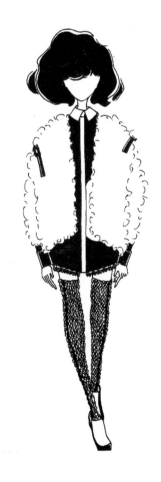

七、一双翅膀

那晚疲惫不堪奔跑的我，
被沿路的小石子绊倒了好几次，
身上布满划痕和血迹，
踉踉跄跄地来到了一个城堡前。

这不是个黑暗的城堡，
它灯火通明，虽然并不热闹。
一位绅士走过来，
他请我到主人的面前就座。

女主人和蔼可亲，
我没头没尾地说了那个梦给她听，

她请我收下唯一可以拯救我的礼物。

喔，原来是一双翅膀，
她说你可以飞翔，
飞翔多自由，不会有奔跑的紧张。

说真的，
没有什么能比这个时候更向往翅膀了，
但是又多了新的惶恐——
是否飞得越高就摔得越重？
我战战兢兢又心存感激的收下礼物，
这份矛盾和不安，
就像刚才在一片荆棘里看到了灯火通明。

终于戴上了翅膀迎风飞翔，
原来飞得越高才看得越清，
我很快就看到了出口，
正在这时翅膀突然消失了。

七、一双翅膀

无休止的降落啊。

落到地面的那一刻，
我突然睁开了眼睛。
梦醒了。

原来在最痛的时候会醒来。

是啊，
她给我翅膀就是要让我醒来吧。

| 裙裥里的波尔卡 |

七、一双翅膀

八、谁都想过假如变成一只猫

它眯着眼，
它摇晃着尾巴，
它干脆松松散散的仰躺在地上，
像是睡着了，
偶尔抖抖腿。

你内心复杂的走了过去，
真想踩醒它，
或是踢一脚，
或是拔掉一根它的胡子，
看它生气地瞪着你的样子……
可是又想亲亲它，

又怕吵醒它。

竟然在想，如果我是它呢？
睡醒了就能吃到美味的小鱼干，
真的就会更快乐么？

八、谁都想过假如变成一只猫

| 裙褶里的波尔卡 |

八、谁都想过假如变成一只猫

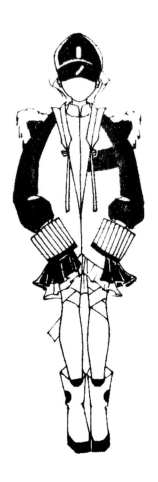

八、谁都想过假如变成一只猫

九、小姑娘

你拥有清澈的眼睛，
就像你清澈的心灵，
你拿着镜子照自己，
又换上一套新衣裳。

你还是那个会等着别人吹口哨的小姑娘。

九、小姑娘

九、小姑娘

你要不要涂上颜色，
或者那些空白的位置，
留给你画衣裳。
然后，
可不可以成为好朋友，
跟我走在一起呢？

| 裙裥里的波尔卡 |